グレタ・トゥーンベリ
GRETA THUNBERG

信念は社会を変えた！6人のインタビュー

ジェフ・ブラックウェル&ルース・ホブデイ／編　橋本 恵／訳

NELSON MANDELA
FOUNDATION
Living the legacy

Interview and photography
Geoff Blackwell

グレタ・トゥーンベリ

ネルソン・マンデラと、その遺志《いし》に捧《ささ》ぐ

大人はつねに私《わたし》たちに、

大いに希望があると言います。

若者《わかもの》が世界を救ってくれるから

希望がある、と。

でも、そうはなりません。

私《わたし》たちが大人になり、

責任のある地位に就《つ》くまで、

悠長《ゆうちょう》に待っている時間などないのです。

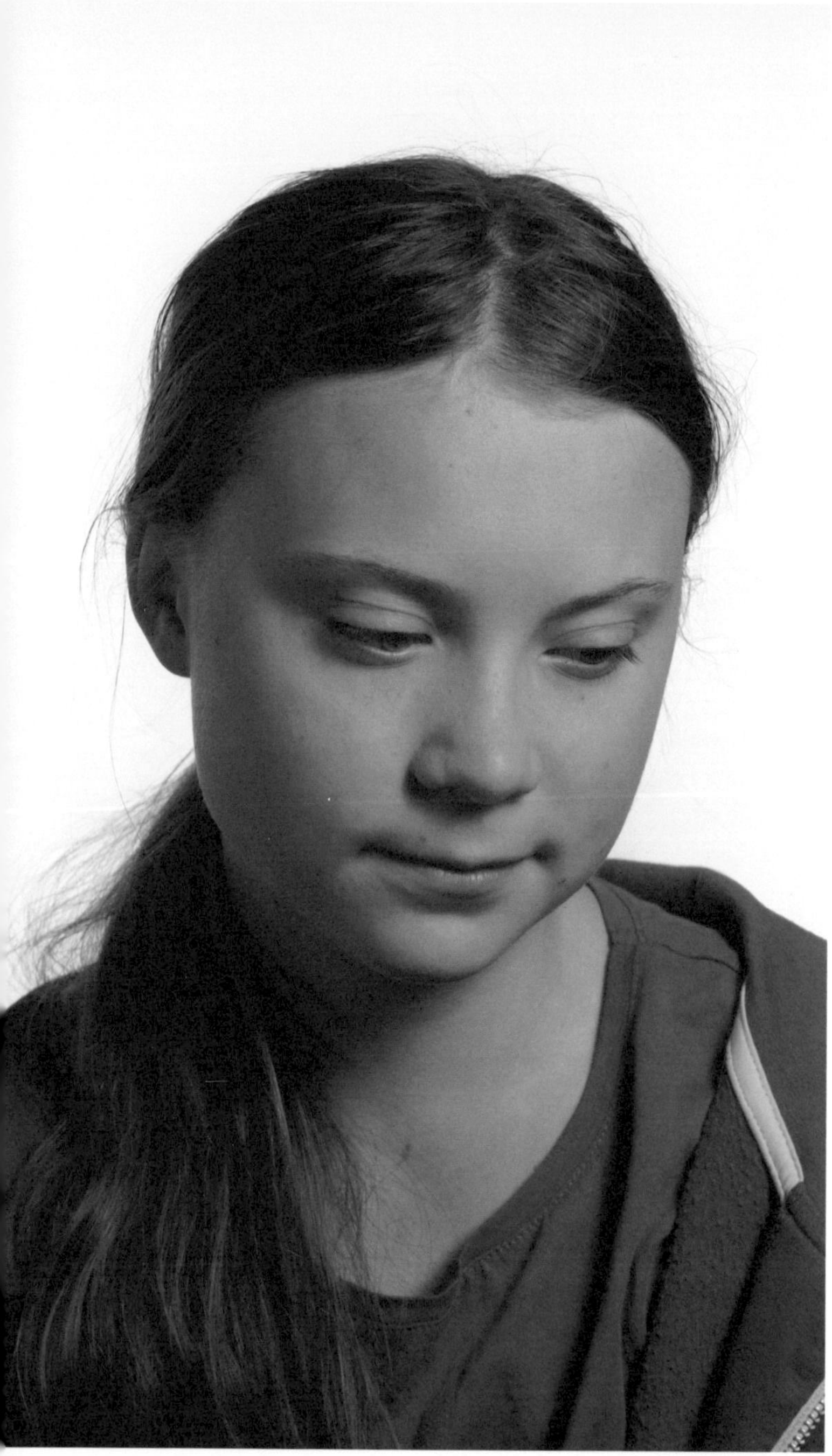

序章

二〇一八年八月、グレタ・トゥーンベリは自転車でスウェーデンのストックホルムにある国会議事堂へ向かい、『気候のための学校ストライキ』と手書きされたプラカードを持って、国会議事堂前の石畳《いしだたみ》に座《すわ》りこんだ。その足元には、[*1]『私《わたし》がこうしているのは、あなたたち大人が私《わたし》の未来を踏《ふ》みにじっているからです』と書かれたチラシが置いてあった。

当時、十五歳《さい》のグレタは、ある決意を固めていた。

その年、スウェーデンは、二百六十年以上前に気象観測記録を開始して以来、[*2]一番暑い夏となった。世界は驚異《きょうい》的な勢いで温暖《おんだん》化が進み、地球は過去に例を見ない規模《きぼ》で、気候変動の悪影響《えいきょう》を受けていたのだった。

人類は決定的な危機《きき》に直面している。それなのに、誰《だれ》ひとり行動を起こそうとはしていない。

事態を変えなければ。それも、一刻《いっこく》も早く――。グレタはスウェーデン政府に対し、パリ協定に[*〈i〉]準拠《じゅんきょ》した二酸化炭素排出量《はいしゅつりょう》の削減《さくげん》を要求した。

事の始まりは、同年、スウェーデンの日刊紙スヴェンカ・ダーグブラーデット主催《しゅさい》の気候変動に関するエッセイコンテストに応募《おうぼ》したことだった。グレタのエッセイ『私《わたし》たちは知っている――そして今、『行動を起こせる』は優秀《ゆうしゅう》作品に選ばれ、[*3] 初めてメディアの注目を浴びることになった。

その後、マージョリー・ストーンマン・ダグラス高校（アメリカ、フロリダ州）の生徒たちが、同校で発生した銃乱射《じゅうらんしゃ》事件の直後、銃《じゅう》反対の学校ストライキをしたことを、ある環境《かんきょう》活動家から教えられた。グレタは、そこにヒントを得た。学校に通う生徒として、登校拒否《きょひ》は自分の主張に関心を集める効果的な方法になる、と気づいたのだ。

国会議事堂前でのストライキ初日（訳注《やくちゅう》：二〇一八年八月二十日）、グレタは手書きのプラカードと、チラシと昼食の弁当を持って、たったひとりで座《すわ》りこんだ。学校時間の午前八時三十分から午後三時までそこに座《すわ》り続け、自分の活動をソーシャルメディアにアップした。その日は地元のジャーナリストたちの取材を受け、二日目に国会議事堂前にもどると、他の人たちもストライキに加わるようになった。通りがかりのビジネスマンや政治家、観光客や一般《いっぱん》の人もグレタのストライキに目を留め、グレタの噂《うわさ》はすみやかに広まっていった。

グレタの活動は、複数の主要報道機関で取りあげられるようになっていった。そしてストライキを始めてわずか十一日後、イギリスの大手新聞ガーディアンに掲載《けいさい》された『スウェーデン人の十五歳《さい》の少女、気候変動危機《きき》と闘《たたか》うために、学校ストライキへ』[*4]という記事を機に、グレタは一気に注目されるようになった。気候のための市民デモ[*〈ii〉]でスピーチを依頼《いらい》され、数万人の前でスピーチをし、その画像がソーシャルメディアにアップされて拡散《かくさん》した。ほどなくグレタのソーシャルメディアのフォロワーは数万人に増え、さらに数十万人にふくらんだ。

　グレタは、両親の反対を押《お》しきって、天候にかかわらず三週間、毎日同じ場所に座《すわ》り続けた（当初は反対していた両親も、現在はグレタの活動を全面的に支援《しえん》し、できるかぎり菜食にし、飛行機には乗らないようにしている）。

　スウェーデンの総選挙後、その結果に不満を抱《いだ》いたグレタは、毎週金曜日に学校ストライキを続けると決心し、「学校ストライキは、これからも続けます」とソーシャルメディアで表明した。「スウェーデン政府がパリ協定に従《したが》うまで、これからは毎週金曜、国会議事堂の前に座《すわ》ります。みなさんも、どうか同じようにストライキをしてください……時間は、私《わたし》たちが思うより、はるかに短い。失敗は、惨事《さんじ》につながるのです[*5]」

グレタが気候変動の現実を知ったのは、八歳《さい》のとき。大人も含《ふく》め、だれも事態を深刻《しんこく》に受けとめていないことに震《ふる》えあがった。地球の未来が重大な危機《きき》に瀕《ひん》していると気づいたあとは鬱《うつ》になり、学校に行くのも、食事をとるのも、話すのもやめた。そんな状況《じょうきょう》が続いた後、グレタはアスペルガー症候群《しょうこうぐん》、強迫《きょうはく》性障害《しょうがい》、選択《せんたく》的無言症《しょう》と診断《しんだん》された。選択《せんたく》的無言症《しょう》の患者《かんじゃ》は、必要な時しか話をしない。グレタの場合、それは気候変動危機《きき》の話題だった。

IPCC[*〈iii〉]（気候変動に関する政府間パネル）は、二〇一八年のレポートで、地球温暖化《おんだん》は予想よりも急速に進み、世界の平均気温は一・五度も上昇《じょうしょう》するかもしれず、そうなったら、海面上昇《じょうしょう》や自然災害の多発、種の大量絶滅《ぜつめつ》といった、数々《かずかず》の想像を越《こ》えた悪影響《えいきょう》を地球にもたらしかねない[*6]と報告した。その時点で、グレタの決意は固まった。迫《せま》りくる気候変動危機《きき》の悪影響《えいきょう》の実態を、世界に広める。それを、自分の使命にすると決意したのだ。

スウェーデンの国会議事堂前に座《すわ》り始めてわずか数カ月で、グレタの顔と名前は世界中に知れ渡《わた》った。グレタは二〇一九年の世界経済《けいざい》フォーラム[*〈iv〉]や国連気候行動サミット二〇一九[*〈v〉]といった主要な地球温暖化《おんだん》会議でスピーチをし、気候変動の科学に基づいて団結しようと聴衆《ちょうしゅう》に語りかけた。そして政治家や議員に対しても歯に衣《きぬ》着せぬ、あけすけな物言いで、国連の代表として変化を起こすことを要求した。権力《けんりょく》を持つ政治家に一層《いっそう》の努力を求めるいっぽう、グレタは自分の行動を通して、すべての個人にも責任があることを示している。

グレタは確固たる行動主義を貫《つらぬ》くことで、すでに消えようのない足跡《あしあと》を残してきた。グレタの学校ストライキに啓発《けいはつ》されて、百五十カ国以上の学生が独自の抗議《こうぎ》行動を起こし、ついには七百万人以上の若者《わかもの》がグローバル気候マーチ（訳注《やくちゅう》：地球温暖《おんだん》化阻止《そし》のために世界規模《きぼ》で行われるデモ）を実行した。[*7]

二〇一九年、グレタはニューヨークで開催《かいさい》される国連気候行動サミットに出席するため、全長十八メートル、二酸化炭素排出量《はいしゅつりょう》ゼロの競技用高速ヨットに乗って、大西洋を二週間かけて横断する旅に出た。ニューヨークの港に到着《とうちゃく》した時には大勢に出迎《でむか》えられ、無事に上陸を果たしたグレタは、国連本部前で抗議《こうぎ》行動を繰《く》り広げる大勢の若者《わかもの》に合流した。そして『気候のための学校ストライキ』という手書きのプラカードを持ち、「気候危機《きき》のために今すぐ行動を」という要求のもとに団結したアメリカ人の支持者たちに囲まれながら、座《すわ》りこみをした。

これは、グレタの絶大な影響力《えいきょうりょく》を示す座《すわ》りこみとなった。グレタの果敢《かかん》な抵抗《ていこう》は、全世界の若者《わかもの》が気候変動への抗議《こうぎ》活動を起こす種となったのだ。これは、これまで地球上で繰《く》り広げられてきた抗議《こうぎ》活動の中でも、最重要のものといっていい。グレタの抵抗《ていこう》は、「たったひとりでも意味のある変化を起こせる」という、何よりの証拠《しょうこ》でもある。

グレタの気候変動活動家としての道のりは、今なお続いている。社会は二酸化炭素削減《さくげん》に向けて変わりつつあるが、進展《しんてん》は遅《おそ》い。ソーシャルメディア全盛《ぜんせい》のこの時代、自覚を促《うなが》すのは簡《かん》単《たん》かもしれないが、信念を育《はぐく》むのは難《むずか》しい。科学研究が示す事実を疑《うたが》う者も少なくなく、気候変動予想に対する懐疑派《かいぎは》や批評家《ひひょうか》から、グレタは個人攻撃《こうげき》を受け続けている。

しかしグレタはひるむどころか、かえって決意を新たにしている――「私《わたし》はできるだけ長く、自分にできることをすべてやると、心に決めました」*8

今すぐ行動するかしないかが招く結果は、

将来《しょうらい》、私《わたし》や私《わたし》の世代には

どうすることもできません。

プロローグ

私《わたし》はグレタ・トゥーンベリ。十六歳《さい》のスウェーデン人です。

私《わたし》には、夢があります。各国の政府と政党《せいとう》と企業《きぎょう》が、気候と生態の危機《きき》の緊急性《きんきゅうせい》を把握《はあく》し、緊急《きんきゅう》事態に直面したときのように、それぞれの違《ちが》いを乗り越《こ》えて連携《れんけい》し、地球上のすべての人々《ひとびと》が安心して生きるために必要な環境対策《かんきょうたいさく》を講じる、という夢です。

そうすれば、数百万人の学校ストライキ中の私《わたし》たちは、学校に戻《もど》れるからです。

私《わたし》には、夢があります。マスコミはもちろん権力者《けんりょくしゃ》たちが、この危機《きき》を地球存亡《そんぼう》に関《かか》わる緊《きん》急《きゅう》事態として扱《あつか》うようになることです。

そうすれば、私《わたし》は妹と犬たちが待っている家に帰れます。妹と犬たちに会いたいです。

実をいうと、夢はたくさんあります。けれど、今は二〇二〇年。夢を語る時でも場所でもありません。今は、目を覚ます時。歴史上において、しっかり目を覚まさなければならない時なのです。

もちろん、夢は必要です。人は、夢がなければ生きられません。ですが、何事にもふさわしい時と場所があります。夢が、事実をありのままに語る妨《さまた》げとなってはなりません。

にもかかわらず、どこへ行っても、私《わたし》のまわりにはおとぎ話しかないように思います。実業界のリーダーや選挙で選ばれたあらゆる層《そう》の議員たちは、私《わたし》たちの心を癒《いや》し、ふたたび眠《ねむ》りの世界へと誘《さそ》ってくれるようなおとぎ話をでっちあげ、それを語ることに時間を費《つい》やしています。それは、いずれ全《すべ》てが元通りになるという、心地《ここち》よいおとぎ話。すべて解決すれば、万事《ばんじ》めでたしめでたしになるというおとぎ話です。しかし私《わたし》たちが直面している問題は、夢を見る能力や、より良い世界を想像する能力の欠如《けつじょ》ではありません。今の私《わたし》たちの問題は、目を覚まさなければならないということ。今こそ、現実と事実と科学に向きあわなければならないのです。

科学は、理想の社会を実現するための最高の条件についてばかり語るものではありません。科学は、言葉にならない苦痛《くつう》についても語ります。その苦痛《くつう》は、私《わたし》たちが行動を遅《おく》らせれば遅《おく》らせるほど、悪化します。今すぐ行動を起こさないかぎり、悪化するのです。

もちろん、持続可能を実現した世界には、多くの新しい利点があるでしょう。ですが、理解してもらいたいことがあります。そういう世界を作り出すのは、新しいグリーンジョブ（訳《やく》注《ちゅう》：環境《かんきょう》への負荷を持続可能な水準まで低減させながら、事業として採算がとれる仕事）や、新しいビジネスや、グリーン経済《けいざい》（訳注《やくちゅう》：環境《かんきょう》に優《やさ》しい経済《けいざい》。環境《かんきょう》と生態系《けい》へのリスクを軽減しつつ、生活の質を改善《かいぜん》し、社会の不平等を解消する経済《けいざい》）の成長が目的ではない、ということです。目的は、ひとえに、緊急《きんきゅう》事態を回避《かいひ》すること。しかも、普通《ふつう》の緊急《きんきゅう》事態ではありません。人類がこれまでに直面してきた危機《きき》の中でも、最大の危機《きき》なのです。

人々《ひとびと》が緊急性《きんきゅうせい》について理解し、把握《はあく》できるように、私《わたし》たちはこの危機《きき》をきちんと危機《きき》として扱《あつか》わなければなりません。危機《きき》を危機《きき》として扱《あつか》わなければ、解決などできません。

現時点ではうまくいきそうにないのに、すべてうまくいくだろうなどと、吹聴《ふいちょう》するのはやめてください。この危機《きき》は包装《ほうそう》して売れる商品ではないし、ソーシャルメディアのいいねボタンのようなものでもないのです。

あなた自身や、あなたのビジネスアイデア、あなたの政党《せいとう》や政治活動が万事《ばんじ》解決するかのようにふるまうのは、やめてください。解決への道がすべてついているわけではないことを、自覚する必要があります。現実は、むしろ逆です。特定のことをきっぱりやめるという解決策《かいけつさく》でないかぎり、それは無理です。

協力し、連携《れんけい》して、

地球の資源《しげん》を新しい方法で

分けあわなければなりません。

これからは地球の

許容範囲《はんい》内で暮《く》らし、

公平性を重視《じゅうし》し、

すべての生物のために

数歩後退しなければなりません。

生物圏《せいぶつけん》を、空気、海、土壌《どじょう》、

森林を守るのです。

破滅《はめつ》的なエネルギー源《げん》を、多少ましなエネルギー源《げん》に変えるのは、進展《しんてん》とはいえません。炭素排出量《はいしゅつりょう》を輸出しても、全体の排出量《はいしゅつりょう》の削減《さくげん》にはなりません。粉飾決算《ふんしょく》では、救われません。むしろそれこそが、問題の核心《かくしん》なのです。

二〇一八年一月一日時点で、あと十二年以内に二酸化炭素の排出量《はいしゅつりょう》を半分にしなければならない、という話を聞いたことがある方もいるでしょう。それでも、地球の気温上昇《じょうしょう》を工業化以前と比べて一・五度未満に抑《おさ》えられる確率は五十パーセントだということは、ほとんどだれも聞いたことがないと思います。そう、五十パーセントです。[*9]

しかも、このような現時点で算出できる最良の科学データは、北極の永久凍土《とうど》の融解《ゆうかい》による強烈《きょうれつ》なメタンガスの放出といった、最も予測不可能なフィードバックループという悪循環《じゅんかん》や、比例関係では表せない転換点《てんかん》（訳注《やくちゅう》：気候変動が急激《きゅうげき》に進みはじめ、二度と後戻《あともど》りができなくなる時点）は、考慮《こうりょ》されていません。大気汚染《おせん》に隠《かく》されている、すでに避《さ》けられない気温上昇《じょうしょう》の存在《そんざい》も、気候正義という公平性の観点も、考慮《こうりょ》されていません。

ですから、地球の気温上昇《じょうしょう》を一・五度未満に抑《おさ》えられる確率が硬貨《こうか》を投げて表と裏《うら》が出るの

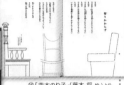

名作短編がぎっしりつまったシリーズ！

中学生までに読んでおきたい

日本文学

松田哲夫 編

全10巻

シリーズ累計20万部突破！

❶悪人の物語

山村暮鳥……囈語
森 銑三……昼日中／老賊譚
芥川龍之介……鼠小僧次郎吉
宮沢賢治……毒もみのすきな署長さん
中野好夫……悪人礼賛
野口冨士男……少女
色川武大……善人ハム
菊池 寛……ある抗議書
小泉八雲……停車場で
吉村 昭……見えない橋
柳田国男……山に埋もれたる人生ある事

❹お金物語

山之口貘……告別式
山本周五郎……経済原理
獅子文六……塩百姓
谷崎潤一郎……小さな王国
星 新一……マネー・エイジ
太宰 治……貧の意地
中戸川吉二……寝押
林芙美子……清貧の書
室生犀星……陶古の女人
内田百閒……無恒債者無恒心
森 鷗外……高瀬舟

❺家族の物語

❼こころの話

茨木のり子……自分の感受性くらい
辻まこと……多摩川探検隊

❾食べる話

石垣りん……くらし
志賀直哉……小僧の神様
岡本かの子……鮨

子どものころ、読んでおけばよかった……

イラストレーション：柳 智之

石垣りん……表札
有島武郎……碁石を呑だ八っちゃん
吉野せい……梨花
森 鷗外……山椒大夫
島尾敏雄……島の果て
長谷川四郎……鶴
原 民喜……夏の花
太宰 治……魚服記
海音寺潮五郎…極楽急行
梅崎春生……チョウチンアンコウについて

❸おかしい話

室生犀星……夜までは
佐藤春夫……蝗の大旅行
尾崎一雄……虫いろいろ
小沼 丹……カンチク先生
内田百閒……泥坊三昧
夏目漱石……自転車日記
山本周五郎……対話（砂について）
坂口安吾……村のひと騒ぎ
林家正蔵（演）…あたま山
桂文楽（演）……酢豆腐
桂三木助（演）…芝浜
森 鷗外……大発見
小泉八雲……日本人の微笑
星 新一……来訪者

●各1800円
●判型／A5変型判／略フランス装
●平均288ページ

吉野せい……洟をたらした神
有島武郎……小さき者へ
幸田 文……終焉
海音寺潮五郎…唐薯武士
谷崎潤一郎……母を恋うる記
林芙美子……風琴と魚の町
吉村 昭……同居
向田邦子……かわうそ
遠藤周作……夫婦の一日
川端康成……葬式の名人
井伏鱒二……へんろう宿
太宰 治……黄金風景

❻恋の物語

阪田寛夫……練習問題
木山捷平……うけとり
尾崎 翠……初恋
堀 辰雄……燃ゆる頬
江戸川乱歩……人間椅子
太宰 治……カチカチ山
三島由紀夫……三原色
芥川龍之介……好色
菊池 寛……藤十郎の恋
宮本常一……土佐源氏

なんと容赦のない、
なんと爽快な
ラインナップだろう。
上橋菜穂子さん

吉行淳之介……童謡
井上ひさし……あくる朝の蝉
志賀直哉……清兵衛と瓢箪
色川武大……ひとり博打
中島 敦……山月記
菊池 寛……入れ札
三島由紀夫……志賀寺上人の恋
谷崎潤一郎……刺青
幸田 文……髪
深沢七郎……おくま嘘歌
太宰 治……雀
石原吉郎……ある〈共生〉の経験から

❽こわい話

萩原朔太郎……蛙の死
夏目漱石……夢十夜 第三夜
内田百閒……豹／鯉
江戸川乱歩……白昼夢
半村 良……箪笥
岡本綺堂……利根の渡
中島 敦……牛人
菊池 寛……三浦右衛門の最後
坂口安吾……桜の森の満開の下
夢野久作……瓶詰地獄
星 新一……鏡
山川方夫……お守り
志賀直哉……剃刀
島尾敏雄……鉄路に近く
太宰 治……トカトントン

[illegible]……[illegible]の話
子母沢寛……冷や飯に沢庵
幸田露伴……野道
森 茉莉……ビスケット
深沢七郎……いのちのともしび
種村季弘……幻の料理
色川武大……大食いでなければ
古川緑波……富士屋ホテル
向田邦子……ごはん
武田百合子……枇杷／夏の終わり
宮沢賢治……注文の多い料理店

❿ふしぎな話

萩原朔太郎……死なない蛸
寺山修司……全骨類の少女たち
川端康成……化粧
梶井基次郎……愛撫
谷崎潤一郎……秘密
夏目漱石……心
内田百閒……尽頭子
三島由紀夫……美神
夢野久作……怪夢（抄）
星 新一……おーい でてこーい
梅崎春生……侵入者
宮沢賢治……どんぐりと山猫
芥川龍之介……魔術
豊島与志雄……立札
中島 敦……名人伝
稲垣足穂……黄漠奇聞

10刷
出来!

いい人ランキング

吉野万理子 著

人の悪口を言わないし、掃除はサボらないし、「宿題を見せて」と頼まれたら、気前よく見せる人。「いい人」と呼ばれるのは、いいことだと思っていたけれど、実は……？いじめ問題について、いじめられる側だけでなく、いじめる側の心理もリアルに描いた作品。――人間関係に悩む中学生の実用書たりうる一冊！ ●1,400円

古典

古典に親しむきっかけに！小学校高学年から楽しく学べる古典入門

はじめての万葉集

萩原昌好 編　中島梨絵 絵（上・下巻）

● 各1,600円（A5変型判／2色刷／各128ページ）

「万葉集」全20巻、4500首の中から代表的な作品135首をセレクト。年代別に4期にわけて、わかりやすく紹介します。

上巻 ① 初期万葉時代：
大化改新 ～ 壬申の乱
（645 ～ 672 年ごろ）
② 白鳳万葉時代：
壬申の乱 ～ 藤原京への遷都
（672 ～ 694 年ごろ）

下巻 ③ 平城万葉時代：
藤原京への遷都 ～ 平城京への遷都
（694 ～ 733 年ごろ）
④ 天平万葉時代：
平城京の時代
（733 ～ 759 年ごろ）

★C.V.オールズバーグ 作　村上春樹 訳★

急行「北極号」　★コルデコット賞

幻想的な汽車の旅へ……。少年の日に体験したクリスマス前夜のミステリー。映画「ポーラー・エクスプレス」原作本。
●1,500円（24×30cm／32ページ）

ジュマンジ

ジュマンジ……それは、退屈してじっとしていられない子どもたちのための世にも奇妙なボードゲーム。映画「ジュマンジ」原作絵本！
●1,500円（26×28cm／32ページ）

魔術師アブドゥル・ガサツィの庭園

★コルデコット賞銀賞

「絶対に何があっても犬を庭園に入れてはいけません——引退した魔術師ガサツィ」ふしぎな庭で、少年が体験した奇妙なできごと。
●1,500円（25×31cm／32ページ）

★シェル・シルヴァスタイン　村上春樹 訳★

おおきな木

おおきな木の無償の愛が、心にしみる絵本。絵本作品の「読み方」がわかる村上春樹の訳者あとがきは必読。
●1,200円（23×19cm／57ページ）

はぐれくん、おおきなマルにであう

名作絵本『ぼくを探しに』（講談社）の続編が村上春樹・訳で新登場！ 本当の自分を見つけるための、もうひとつの物語。
●1,500円（A5変型判／104ページ）

あすなろ書房の本

［10代からのベストセレクション］

『ねえさんといもうと』より ©2019 by Komako Sakai

表示価格は、税別です　2020.4.1

と同じ五十パーセント程度では、絶対に不十分です。モラルの面からも、正当性は主張できないでしょう。墜落《ついらく》する確率が五十パーセント以上とわかっていて、飛行機に乗りますか？もっとはっきり言いましょう。その飛行機に、お子さんたちを乗せますか？

　ではなぜ、気温上昇《じょうしょう》を一・五度未満に抑《おさ》えるのが、それほど重要なのでしょう？　それは、気候の不安定化を避《さ》けるために必要な、科学的根拠《こんきょ》のある水準だからです。気候の不安定化を避《さ》けることで、制御《せいぎょ》できない不可逆的な負の連鎖《れんさ》反応を、未然に防ぐことができます。現に、気温がたった一度上昇《じょうしょう》しただけで、受け入れがたい多大な人命と生活が失われつつあるのです。

　ならば、どこから始めればよいのでしょう？　まずは、昨年のＩＰＣＣ（気候変動に関する政府間パネル）による報告書の第二章、百八ページを見てください。そこには、気温上昇《じょうしょう》を六十七パーセントの確率で一・五度未満に抑《おさ》えるとすると、二〇一八年一月一日時点で、残余カーボンバジェット（訳注《やくちゅう》：地球の温度上昇《じょうしょう》を一・五度未満に抑《おさ》えるために排出《はいしゅつ》できる二酸化炭素の上限）は、約四百二十ギガトンと書いてあります。[*10]　当然ながら、現時点で残された数値《すうち》ははるかに低くなっています。土地利用による排出量《はいしゅつりょう》も含《ふく》めると、私《わたし》たちは毎年、四十二ギガトンの二酸化炭素を排出《はいしゅつ》しているからです。[*11]

現在の排出量《はいしゅつりょう》のままだと、残余カーボンバジェットは八年半も経《た》たないうちに失われてしまいます。

こういった数字は、私《わたし》や誰《だれ》かの個人的な意見でも、政治的見解でもありません。現時点で算出できる、れっきとした最良の科学データです。このデータはあまりに甘《あま》すぎると多くの科学者が声を上げていますが、ＩＰＣＣを通じてすべての国々《くにぐに》に受け入れられたデータでもあります。

ただし、このデータはあくまで地球規模《きぼ》のものであり、パリ協定で明記された公平性の観点にはいっさい触《ふ》れていません。地球規模《きぼ》で実現させるには、公平性の観点が必要不可欠です。すなわち、裕福《ゆうふく》な国々《くにぐに》はそれなりに分担《ぶんたん》し、もっと速いペースで二酸化炭素の排出《はいしゅつ》をゼロにまで削減《さくげん》しなければなりません。そうすることで貧しい国々《くにぐに》が、道路や病院や学校、安全な飲み水や電気といった、私《わたし》たちがすでに持っているインフラを整備し、生活水準を高められるようにするのです。

二〇一八年一月一日時点で、気温上昇《じょうしょう》を六十七パーセントの確率で一・五度未満に抑《おさ》えるための残余カーボンバジェットは、四百二十ギガトン。[12] その数字は、現時点ですでに三百六十ギガトン未満にまで減っています。

とても不愉快《ゆかい》な数字ばかりですが、人々《ひとびと》には知る権利《けんり》があります。しかし大多数の人たちは、こういう数字が存在《そんざい》することを知りません。それどころか、私《わたし》が出会ったジャーナリストたちでさえ、知らないようです。当然ながら、政治家たちも知りません。にもかかわらず、政治家たちはそろって、自分の政策《せいさく》がすべての危機《きき》を解決すると、自信満々《じしんまんまん》に語っているように見えます。

自分が完全に理解していない問題を、なぜ解決できるのでしょう？　全体像や、現時点で算出できる最良の科学データを、なぜ無視《むし》できるのでしょう？

これは大変危険《きけん》なことです。気候と生態の危機《きき》の背景《はいけい》にどれほど政治が絡《から》んでいるとしても、このまま党利党略《とうりとうりゃく》の政策《せいさく》問題にしてはなりません。今、私《わたし》たちにとって最大の敵は、政敵ではありません。最大の敵は、気候変動の現実を示している物理学です。物理学と取引はできません。

生物圏《せいぶつけん》を存続《そんぞく》させるために、そして現在と将来《しょうらい》の人類の生活環境《かんきょう》を守るために、いろいろ犠《ぎ》牲《せい》を払《はら》うなんてありえないと、誰《だれ》もが言います。

もしかしたら、そうなのかもしれません。でも、これまでにあげた数字と、すべての国が受け入れた現時点で算出できる最良の科学データを見れば、私《わたし》たちが直面している事態が正確にわかると思います。

おとぎ話を夢見てばかりいてはなりません。この問題を、政争の具にしてはなりません。子どもの将来《しょうらい》を、硬貨《こうか》を投げて決めるような賭《か》けに出てはいけません。

そうではなく、科学に基づいて団結してください。

行動に出てください。

ありえないことに取り組んでください。

なぜなら、あきらめるという選択肢《せんたくし》は、絶対にありえないのですから。

二〇一九年九月、アメリカ議会下院の公聴会《こうちょうかい》にて

ストライキを始めて

早くも二日目に仲間がひとり現れ、

そのあとも増えていきました。

本当にすごいなって思いました。

みなさんにもぜひ、

この感覚を味わってほしい。

世の中を変える力が

本当にあるんだという、この感覚を。

インタビュー

――自己紹介《じこしょうかい》をお願いします。

わたしは、グレタ・トゥーンベリ。十六歳《さい》のスウェーデン人です。ストックホルムに住んでいる、気候環境《かんきょう》活動家です。

気候と環境《かんきょう》に関心を持ち始めたのは、たぶん八歳《さい》か九歳《さい》のとき、学校の授業でだったと思います。人間が環境《かんきょう》に恐《おそ》ろしい被害《ひがい》を与《あた》えてきたことや、気候にとんでもない悪影響《えいきょう》を与《あた》え続け、気候が変化しつつあることを知りました。ぞっとするような写真を何枚《まい》も見て、ただただ震《ふる》えあがりました。こんな事態を防ぐために、なぜ私《わたし》たちは、できるかぎりのことをしないのか？なぜこういったことを気にもとめず、今まで通り生活していけるのか、私《わたし》にはまったく理解できませんでした。

そこで、文献《ぶんけん》を読んで勉強し始め、いろいろな人と話すことで、ようやくこの危機《きき》の重大さを理解しました。そして、このような危機《きき》が実際に起きているということを、両親にわかってもらおうとしました。けれどふたりとも、「ううん、大丈夫《だいじょうぶ》。きっと誰《だれ》かが何かしてくれるから」と言うだけで、どちらかというと否定的《ひてい》でした。

そんなことが続くうち、私《わたし》は鬱《うつ》になりました。何もかもがひたすら間違《まちが》っているように思え、どうでもよくなってしまったのです。

鬱《うつ》状態から抜《ぬ》け出せたのは、心の中で自分にこう言い聞かせたからです。「私《わたし》は、いろんなことができる。ひとりでも、いろいろできる。だから、ただ指をくわえて見ているのではなく、事態を変えるために、できるかぎりのことをするべきだ」と。

地球温暖《おんだん》化をとめるために全力を尽《つ》くす、と心に誓《ちか》い、行動に移そうとしました。だから、気候のための学校ストライキを始めたのです。何も起こらない現状にいても立ってもいられなくなって、誰《だれ》かが何かしなくてはと思い、私《わたし》がやればいいじゃないかと考えました。「よし、やってみよう。うまくいかないかもしれないけれど」と心の中で言い、とにかく座《すわ》りこみをしました。

そうしたら、事はどんどん大きくなっていきました。

――最初にあなたに注目したのは、どこでしたか？　ご自分の活動に、どうやって注目を集めることができたのですか？

さあ、わかりません。学校ストライキを始めたとき、私《わたし》は最初に、学校ストライキをしていることをツイッターで発信しました。それが大勢の人に拡散《かくさん》していって、数人のジャーナリストがやってきて、座《すわ》っている私《わたし》にインタビューをするようになりました。そのあとジャーナリストが次々《つぎつぎ》と来るようになって、私《わたし》のストライキはスウェーデン中に知られるようになりました。口コミで広がっていったんです。すると、私《わたし》といっしょに座《すわ》りこむ人が現れました。ストライキを始めて早くも二日目に仲間がひとり現れ、そのあとも増えていきました。

本当にすごいなって思いました。みなさんにもぜひ、この感覚を味わってほしい。世の中を変える力が本当にあるんだという、この感覚を。いつだって、最初の一歩は一番つらいです。でも最初の一歩さえ踏《ふ》みだせば、じきに運動を起こせるんです。

私《わたし》のストライキはスウェーデン国内の他の都市へと広がり、他の国々《くにぐに》へ、他の大陸へと広がっていき、子どもたちが学校ストライキをするようになりました。転機となったのは、二〇一八年十一月、オーストラリアが気候のための学校ストライキを始めたときだと思います。数万人の子どもたちが、気候マーチをしたんです。その後もストライキは他の国々《くにぐに》に広がっていって、とても大きな活動となりました。そのあとどうなったかは、私《わたし》にもわかりません。

――あなたにとって本当に重要なことは、何ですか？

すべてです。私《わたし》たちのすることすべてが重要です。だからこそ、日常生活のあらゆる面で、本気で変わっていかなければならないんです。環境面《かんきょうめん》だけでなく、他人への接し方とか、人生への姿勢《しせい》とかも。

私《わたし》が気候危機《きき》で重視《じゅうし》しているのは、ある段階《だんかい》を過ぎてしまったら、手遅《ており》れになりかねないということです。そうなったら、地球温暖《おんだん》化はひとりでに進んでいってしまう。転換《てんかん》点を迎《むか》えてしまうわけです。

私《わたし》はいつも手順やスケジュールを決めておきたいし、この先何が起こるか、知っておきたい

郵便はがき

料金受取人払郵便

牛込局承認

3094

差出有効期間
2021年1月9日
切手はいりません

162-8790

東京都新宿区
早稲田鶴巻町551-4

あすなろ書房
愛読者係　行

■ご愛読いただきありがとうございます。■

小社のホームページをぜひ、ご覧ください。新刊案内や、
話題書のことなど、楽しい情報が満載です。
本のご購入もできます➡http://www.asunaroshobo.co.jp
（上記アドレスを入力しなくても「あすなろ書房」で検索すれば、すぐに表示されます。）

■今後の本づくりのためのアンケートにご協力をお願いします。

お客様の個人情報は、今後の本づくりの参考にさせて頂く以外には使用いたしません。下記にご記入の上（裏面もございます）切手を貼らずにご投函ください。

フリガナ お名前	男・女	年齢　　歳
ご住所　〒		お子様・お孫様の年　　歳
e-mail アドレス		
●ご職業　1主婦　2会社員　3公務員・団体職員　4教師　5幼稚園教員・保育士　6小学生　7中学生　8学生　9医師　10無職　11その他（　　　）		

※引き続き、裏面もご記入ください。

●この本の書名（　　　　　　　　　　　　　　　　　　　　　　　　　　　）
●この本を何でお知りになりましたか？
1 書店で見て　2 新聞広告（　　　　　　　　　　　　　　新聞）
3 雑誌広告（誌名　　　　　　　　　　　　　　　　　　　　）
4 新聞・雑誌での紹介（紙・誌名　　　　　　　　　　　　　）
5 知人の紹介　6 小社ホームページ　7 小社以外のホームページ
8 図書館で見て　9 本に入っていたカタログ　10 プレゼントされて
11 その他（　　　　　　　　　　　　　　　　　　　　　　　）
●本書のご購入を決めた理由は何でしたか（複数回答可）
1 書名にひかれた　2 表紙デザインにひかれた　3 オビの言葉にひかれた
4 ポップ（書店店頭設置のカード）の言葉にひかれた
5 まえがき・あとがきを読んで
6 広告を見て（広告の種類〈誌名など〉　　　　　　　　　　）
7 書評を読んで　8 知人のすすめ
9 その他（　　　　　　　　　　　　　　　　　　　　　　　）
●子どもの本でこういう本がほしいというものはありますか？
（　　　　　　　　　　　　　　　　　　　　　　　）
●子どもの本をどの位のペースで購入されますか？
1 一年間に10冊以上　2 一年間に5～9冊
3 一年間に1～4冊　4 その他（　　　　　　）
●この本のご意見・ご感想をお聞かせください。

※ご協力ありがとうございました。ご感想を小社のPRに使用させていただいてもよろしいでしょうか　（1 YES　2 NO　3 匿名ならYES）
※小社の新刊案内などのお知らせをE-mailで送信させていただいてもよろしいでしょうか　（1 YES　2 NO）

性格です。気候危機《きき》の場合、この点が何より恐《おそ》ろしい。将来《しょうらい》どうなるか、わからない。良くも悪くも、何が起きてもおかしくないんです。

——もしあなたが実際に、すみやかに変化を起こせるとしたら、何をしますか？

まずは、今、何が起きているか、どんな状況《じょうきょう》かを、人々《ひとびと》に知らせます。この危機《きき》についてきちんと知って、きちんと理解さえすれば、人々《ひとびと》はきっと変わると思います。気を配るようになるはずです。

気候危機《きき》を危機《きき》として認識《にんしき》することから、始める必要があります。緊急《きんきゅう》事態は、緊急《きんきゅう》事態として認識《にんしき》しなければ、解決できません。政治レベルでできることはそれこそたくさんあるので、簡単《かんたん》には説明できませんが、一言でいえば、人々《ひとびと》に情報を広め、国際世論《よろん》をかきたてる必要があります。大勢の人々《ひとびと》が変化を要求すれば、きっと変化しますから。

あとは、人々《ひとびと》に欲張《よくば》るなと伝えたいです。気候危機《きき》は今、実際に起きていることで、原因は私《わたし》たちにあるのだと気づかせたい。全員いっせいにとはいわないまでも、まずは各自が、行動

気候危機《きき》は、

すでに解決されています。

すべての事実と解決策《かいけつさく》は、

すでにそろっています。

あとは私《わたし》たちが目を覚まし、

変わるだけでいいのです。

を起こせるはずです。

――今、世界で、もっと必要なことは何だと思いますか？

気候危機《きき》に気を配り、現状を変えたいと思う人を増やすことです。現時点で人々《ひとびと》は、「この問題は、はるか先のことでしょ」と言っています。あるいは、「自分にできることはない」とか。「自分に何かできるとしても、どうせ手遅《ておく》れだろう」とか。最後の言い訳《わけ》は、よく耳にしますね。「何かしたいとは思うけど、もう遅《おそ》すぎる。五年前にやっておくべきだった」と。

でも、できるかぎりのことをするのに、遅《おそ》すぎるということはありません。人々《ひとびと》がわかっていないのは、この問題のために実際に闘《たたか》っている人や、今何が起きているか、ちゃんとわかっている人が、大局的に見ると、驚《おどろ》くほど少ないということです。今すぐ動けば、最初に行動を起こした人になれます。

――さまざまな試練を、どのように乗り越《こ》えてきたんですか？

最初に乗り越《こ》えた試練といえば、まちがいなく、学校に行かないことでしたね。あのときは両親にも先生たちにも、「学校に行きなさい」って、つねに言われてました。それでも学校ストライキは、私《わたし》にとって習慣となっていきました。

――「何様のつもりだ？」とか、言われました？

はい、ずっと。言われ続けましたね。

――それに対し、「これが、私《わたし》の仕事なんです」とだけ言いかえした？

はい、とても頑固《がんこ》な性格なんで。何かに夢中になったら、全力を注ぐんです。いったんやると決めたら、とことん、やり抜《ぬ》きます。

――これからも長い間、続けることになる気がしますか？

はい、残念ながら。残念というのは、まだ十分な行動がとられていないからです。やめられるのなら、やめたいです。問題がすべて解決すれば、やめられますから。でも残念ながら、今はそうなっていません。

――この活動に、ある程度、日々《ひび》の生活を縛《しば》られていると感じます？

ええ、まあ。

――具体的な抱負《ほうふ》や目標は、ありますか？

さっき言ったとおり、できるうちに、できるかぎりのことをするつもりです。私《わたし》たち子どもの学校ストライキは、もちろん、世界がパリ協定を守るようになるまで続けるつもりです。私《わたし》たちが根拠《こんきょ》としているのは、つねに科学者たちと科学データのみ。それが、わたしたちの抱負《ほうふ》です。

――現在、何カ国が学校ストライキに参加しているか、ご存知《ぞんじ》ですか？

私《わたし》がこの前調べた時点では、南極大陸を含《ふく》む全大陸で、百六十五カ国でした。

――あなたの人生や決断を支えている指針《ししん》や哲学《てつがく》はありますか？

正しいと思うことをしているだけです。自分が言ったことは、必ず守ります。妥協《だきょう》はしません。これをやると言ったら、言い訳《わけ》はしないし、先送りにするようなことも言いません。やるのみです。正しいと思うことをしているとしか言えませんし、それで十分だと思います。

――同世代の支持を感じますか？　たとえば、ソーシャルメディアのコメントなどで、同世代の支持に励《はげ》まされ、みんなと一丸になって活動しているという気持ちになりますか？

はい。無力だと感じる原因のひとつは、同じことに熱中する仲間がいないことだと思うのですが、今は、環境《かんきょう》に気を配っているのが私《わたし》ひとりじゃないってわかります。学校ストライキを始める前は、若者《わかもの》はただの怠《なま》け者で、自分のことしか気にしていないのかと思っていました。でも、それは思い違《ちが》いだとわかりました。

——上の世代の支持を感じますか？

はい、たくさん。「ありがとう、きみを支持するよ」って、つねに言われます。しょっちゅう耳にしていても、言われるとてもうれしいし、元気づけられます。幸せな気分になります。

——実際に変化を起こす力のある世代に、具体的に行動してほしいことはありますか？　今、行動を目《ま》の当たりにしていますか？

はい、ある程度は。学校ストライキをしている私《わたし》たち子どもはゼネストを計画していますし、大人も子ども任せにならないようにと、やはりストライキをしています。子ども任せというのは、あってはなりません。子どもに責任を取らせるなんて、おかしいです。だから今は、上の世代にも助けを求めています。

――手本を見せてもらったり、知恵《ちえ》を授《さず》けてもらったりして、特に励《はげ》まされた相手は、これまでにいましたか？

はい、もちろん、つねに。実際に変化をもたらしている人たちや、そのために全力を注いでいる人たちに、今も励《はげ》まされています。この活動を始める原動力となったリーダーたちにも、励《はげ》まされました。

今、一番励《はげ》まされているのは、抗議《こうぎ》活動やストライキが許されていない場所や国々《くにぐに》で、学校ストライキや職場ストライキをしている人たちです。禁じられていても、やる。その姿勢《しせい》にはとても感動しますし、励《はげ》まされます。

――あなたにとって、リーダーシップとは？

大義のために、あえて決断を下すこと。自分のためだけでなく、みんなのためという視点《してん》を持つこと。みんなにとってなにが最善《さいぜん》か、考えること。必要ならば、耳障《みみざわ》りなことでも発言し、

希望よりも必要なのは行動です。

行動し始めれば、

希望はどんどん広がっていきます。

だから希望を探《さが》すのではなく、

行動を起こしましょう。

そうすることで初めて、

希望が見えてくるのです。

不幸のどん底とは、
どうしようもなく落ちこんで、
自分自身を大切に
思えなくなる時だと思います

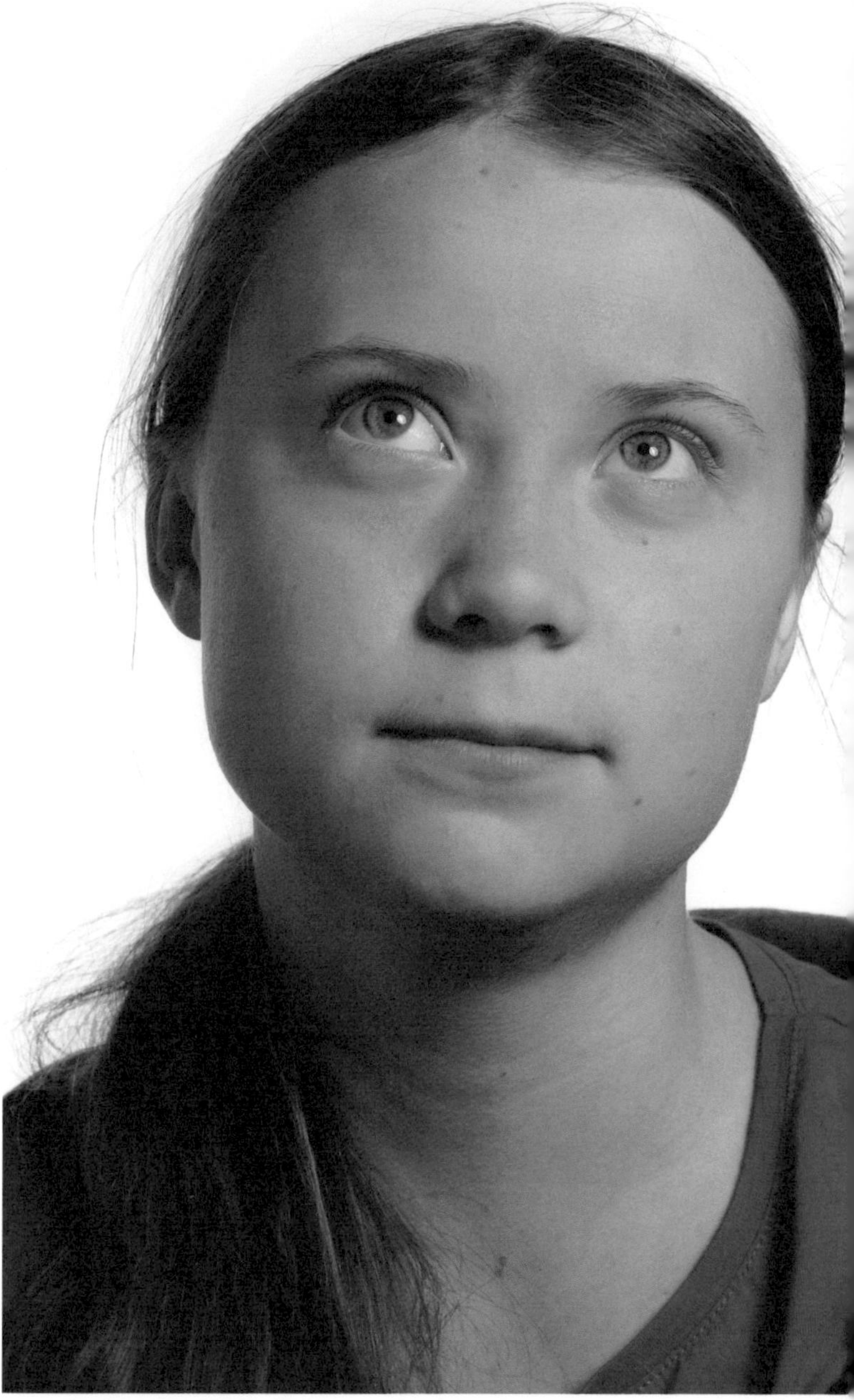

あえて目障《めざわ》りな存在《そんざい》になること。そして、自分だけを見ないこと。

――あなたを幸せにしてくれるものは？

うちの犬たちです！　あとは、何かが起きているとき。変化が起きようとしていたり、実際に起きていたりするときです。たとえば、子どもたちが学校ストライキをしているのを見ると、幸せになります。インターネットで、気候のための学校ストライキをしている何百万人もの子どもたちを見ると、やはり幸せになります。

――では、不幸のどん底とは、どのような状態だと思いますか？

どうしようもなく落ちこんで、自分自身を大切に思えなくなるとき、かな。

――体験したことがあると？

はい。

――そこから抜《ぬ》け出す力を、どうやって見つけたんですか？

だんだんと、少しずつです。気候と生態の危機《きき》に、かなり助けられました。何かしなくちゃ、手をこまぬいている場合じゃないって、思ったんです。そもそも環境危機《かんきょうきき》がきっかけで鬱《うつ》になったんですが、鬱《うつ》から抜《ぬ》け出すきっかけにもなりました。

――今は、サポートを受けていますか？　ご両親も活動家？

私《わたし》が気候危機《きき》を知るようになる前は、両親はみんなと同じでした。しょっちゅう大量の温室効果ガスを排出《はいしゅつ》する飛行機に乗り、石油を大量に消費する生活をしていました。気候環境《かんきょう》活動家とはほど遠い人たちだったと思います。

だけどそのあと、私《わたし》は気候危機《きき》について話すようになり、そのことしか話さなくなりました。とにかくしゃべり続け、両親にグラフや写真や報告書を見せたんです。両親の反応は「そうだね、でもきっと何もかも大丈夫《だいじょうぶ》」という感じでしたが、私《わたし》は「そんなことない。なぜ、そう言

える の？」とだけ言い返しました。
そのうち両親も私《わたし》の話をだんだん理解するようになり、数年かかってようやく、きちんと理解してくれました。今では理解していると思いますが、それでも時々《ときどき》「そうだね、でも……」と言うことがあります。けれど両親の考えは確実に変わりつつありますし、私《わたし》も後押《あとお》しするつもりです。

――あなたと同世代に期待していることは？

同世代には、とても押《お》しつけがましい、やっかいな存在《そんざい》になっていってほしいと思っています。上の世代をさんざん苛《いら》つかせて、何かせざるを得ないように追いこんでほしいのです。私《わたし》は、この活動を絶対にやめないとわかっています。同世代の子たちも同じ気持ちになってくれて、一緒《いっしょ》に力をあわせ、上の世代を動かせればいいなって思います。

大人はつねに、若者《わかもの》に希望を

与《あた》えなければならない、と言っています。

けれど私《わたし》は、大人の語る希望なんていりません。

大人には、希望を持ってほしくない。

パニックに陥《おちい》ってほしい。

私《わたし》が日々《ひび》感じている恐怖《きょうふ》を感じたうえで、

行動を起こしてほしい。

危機《きき》の真っただ中にいるように、

行動してほしい。

家が火事になっているように、

行動してほしいのです。

実際、今はそうなのですから。

エピローグ

ＩＰＣＣ（気候変動に関する政府間パネル）によると、私《わたし》たちの失敗を取り消せなくなるまで、あと十二年もないそうです。それまでに、社会のあらゆる面で、前例のない変化を起こさなければなりません。二酸化炭素排出量《はいしゅつりょう》を最低でも五十パーセント削減《さくげん》する、というのもそうです。

ダボス会議（訳注《やくちゅう》：世界経済《けいざい》フォーラムが毎年一月にダボスで開催《かいさい》する年次総会の通称《つうしょう》）のような場では、成功談ばかり取りあげられがちです。けれど、そういう経済《けいざい》的な成功には、想像を絶する対価が伴《ともな》っているのです。

気候変動に関して、私《わたし》たちは失敗したことを認《みと》めなければなりません。現在のあらゆる政治活動も失敗したし、マスコミも社会に広く認識《にんしき》させることに失敗しました。

けれど、人類はまだ、失敗したわけではありません。

失敗しつつありますが、挽回《ばんかい》する時間は、まだあります。今ならまだ、解決できる。人類の命運は、まだ私《わたし》たちが握《にぎ》っているのです。

しかし現行のシステムが完全に機能不全だと認識《にんしき》しないかぎり、挽回《ばんかい》するチャンスはほぼ確実にないでしょう。

今、私《わたし》たちは、気候変動によって膨大《ぼうだい》な数の人々《ひとびと》が言葉にならない苦痛《くつう》にあえぐ、恐《おそ》ろしい惨事《さんじ》に直面しています。もう、お行儀《ぎょうぎ》よく発言したり、発言内容に気を配ったりしている場合ではありません。今こそ、はっきりと物を言うべきです。

気候危機《きき》の解決は、人類が直面してきた難題《なんだい》のなかでも、とりわけ困難《こんなん》で複雑な問題です。しかし軸《じく》となる解決策《かいけつさく》はとてもシンプルなので、幼《おさな》い子どもでも理解できます。温室効果ガスの排出《はいしゅつ》をとめればいいのです。

やめるか、やめないか、それだけです。

人生は白黒つけられるものではない、とよく言われます。けれど、それは嘘《うそ》。とても危険《きけん》な嘘《うそ》です。

地球温暖《おんだん》化を一・五度未満に抑《おさ》えるか、抑《おさ》えないか。制御《せいぎょ》できない不可逆的な負の連鎖《れんさ》反応を未然に防ぐか、防がないか。このまま文化的な生活を続ける道を選ぶか、選ばないか。

これは、白か黒かの問題です。生き残りをかけた問題に、グレーゾーンなどありません。

選択《せんたく》する権利《けんり》は、全員にあります。人類の将来《しょうらい》の生活環境《かんきょう》を守るために、転機となる行動を起こすこともできますし、これまで通りのビジネスを続けて、悲劇《ひげき》を招くこともできます。

決めるのは私《わたし》であり、みなさんです。

行動主義に走るべきではない、という人もいます。政治家にすべてをゆだね、変革《へんかく》に賛成票を投じるだけでいい、という意見です。けれど政治家たちにその意思がない場合、どうしたらいいのでしょう？　必要とされる政策《せいさく》がどこにも見当たらない場合、どうすればいいのでしょう？

気候危機《きき》は一度も危機《きき》と見なされたことがなかったので、今の日常生活を続けるとどんな結果を招くのか、人々《ひとびと》が知らないのも無理はありません。カーボンバジェットというものがあることも、その予算が驚《おどろ》くほど逼迫《ひっぱく》していることも、知りません。今すぐ、そんな現状を変える必要があるのです。

カーボンバジェットが急激《きゅうげき》に減っている現状を人々《ひとびと》に広く認識《にんしき》させ、理解してもらうこと以上に重要な課題など、ありません。カーボンバジェットこそ、新たな国際通貨として、現在および将来《しょうらい》の経済《けいざい》の核《かく》となったほうがいいし、そうなるべきです。

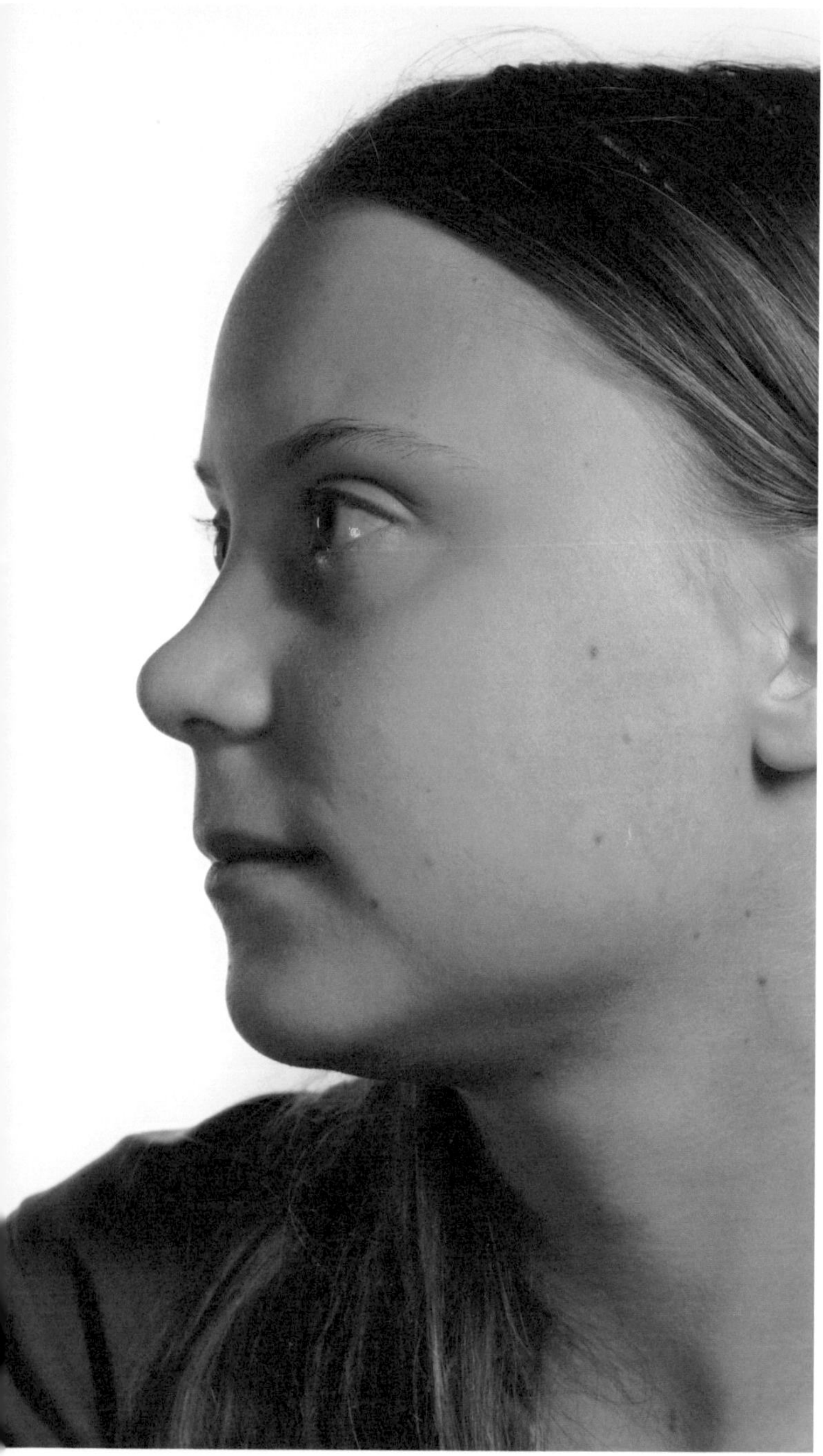

実際に変化をもたらしている人たちや、
そのために全力を注いでいる人たちに、
今も励《はげ》まされています。
この活動を始める原動力となった
リーダーたちにも、励《はげ》まされました。

文明を脅《おびや》かすだけでなく、生物圏《せいぶつけん》をも危険《きけん》にさらす気候危機《きき》について、少しでも理解している人は今こそ全員、声をあげるべきです。どれだけ耳障《みみざわ》りで、利益につながらない話でも、はっきりと言うべきです。

私《わたし》たちは、現代社会のほぼすべてを変えなければなりません。カーボンフットプリント（温室効果ガスの排出量《はいしゅつりょう》）が大きい生活をしている人ほど、道義的な義務感も大きくなります。活動範囲《はんい》が広い人ほど、責任も増えるのです。

大人はつねに、若者《わかもの》に希望を与《あた》えなければならない、と言っています。けれど私《わたし》は、大人の語る希望なんていりません。大人には、希望を持ってほしくない。パニックに陥《おちい》ってほしい。私《わたし》が日々《ひび》感じている恐怖《きょうふ》を感じたうえで、行動を起こしてほしい。

危機《きき》の真っただ中にいるように、行動してほしい。家が火事になっているように、行動してほしいのです。実際、今はそうなのですから。

二〇一九年一月、世界経済《けいざい》フォーラム年次総会（ダボス）でのスピーチより

私《わたし》たちは自分の将来《しょうらい》のために

闘《たたか》っている、という人がいます。

けれど、それは違《ちが》います。

私《わたし》たちは自分の将来《しょうらい》のために

闘《たたか》っているのではない。

すべての人の将来《しょうらい》のために

闘《たたか》っているのです。

グレタ・トゥーンベリについて

グレタ・トゥーンベリは、スウェーデンの十代の環境《かんきょう》活動家。八歳《さい》の時、地球温暖《おんだん》化について学んだのを機に鬱《うつ》となり、登校拒否《きょひ》となる。その数年後、アスペルガー症候群《しょうこうぐん》、選択《せんたく》的無言症《しょう》、強迫《きょうはく》性障害《しょうがい》と診断《しんだん》された。

二〇一八年八月、スウェーデンは、気象観測記録開始以来、最も暑い夏を記録した。*13 この年、グレタ（当時十五歳《さい》）は、気候のための学校ストライキを始めることにした。ヒントとなったのは、同年初めにマージョリー・ストーンマン・ダグラス高校（アメリカ、フロリダ州）で発生した銃乱射《じゅうらんしゃ》事件の後、同校の生徒たちが決行した学校ストライキだった。

こうしてグレタは気候危機《きき》への対処《たいしょ》を求め、特に政府に対し、パリ協定の提言に沿《そ》って国の二酸化炭素排出量《はいしゅつりょう》を削減《さくげん》するように要求して、スウェーデンの国会議事堂前で座《すわ》りこみの抗議《こうぎ》を始めた。

二〇一八年九月、スウェーデンの総選挙が終わるまで、グレタは毎日、学校ストライキを続け、総選挙後は金曜日のみのストライキを再開した。さらにヨーロッパ各地のデモに参加したり、ストックホルムで開催《かいさい》されたTEDや、ポーランドのカトヴィツェで開催《かいさい》された国連気候変動会議（COP24）や、スイスのダボスで開催《かいさい》された世界経済《けいざい》フォーラムなどの気候セミナーや集会でスピーチをしたりして、活動の幅《はば》を広げていった。

学校ストライキを続けるなかで、グレタのストライキは数十万もの学生を動かし、未来のための金曜日と呼《よ》ばれる世界的なストライキへと発展《はってん》していく。二〇一九年九月には、百二十八カ国の七百万人以上もの人々《ひとびと》が、グローバル気候マーチ*14に参加するに至《いた》った。

グレタは低炭素生活を維持《いじ》するために、完全菜食で、ヨーロッパ内での移動は飛行機に乗らず、主に電車を使っている。二〇一九年にはニューヨークで開催《かいさい》された国連気候行動サミットに出席するため、全長十八メートル、二酸化炭素排出量《はいしゅつりょう》がゼロの競技用高速ヨットに乗って、イギリスからアメリカまで大西洋を横断した。この船旅は、二週間かかった。

その後、スペインのバルセロナで開催《かいさい》される国連気候変動会議（COP25）に参加するため、二酸化炭素排出量《はいしゅつりょう》がゼロのカタマランヨット（訳注《やくちゅう》：双胴船《そうどうせん》。甲板《かんぱん》の下に二つの船体がある双胴《そうどう》型ヨット）で大西洋を横断し、ヨーロッパに戻《もど》った。

グレタは世界的に認知《にんち》されるとともに数多くの賞を受賞した。たとえば、二〇一九年にはタイム誌《し》から「次世代のリーダー」、およびもっとも影響力《えいきょうりょく》のある百人」のひとりに選ばれ、国際人権《じんけん》団体アムネスティ・インターナショナルから「良心の大使賞」を授与《じゅよ》された。フリット・オルド財団（訳注《やくちゅう》：表現の自由と自由な報道を支援《しえん》する、ノルウェーの民間財団）からは「言論《げんろん》の自由のフリット・オルド賞」を授与《じゅよ》され、スウェーデン女性教育協会からは二〇一九年の「ウーマン・オブ・ザ・イヤー」に選出された。二〇一九年には、ノーベル平和賞の候補《こうほ》にも上がった。

このプロジェクトについて

「真のリーダーは、緊張《きんちょう》を和《やわ》らげることに注力しなければならない。細やかな配慮《はいりょ》を要する複雑な課題にとりくんでいる時はとくにそうだ。過《か》激《げき》な勢力が力を伸《の》ばすのは社会が緊張《きんちょう》状態にある時が多く、感情にまかせれば合理的に考えられなくなる」

——ネルソン・マンデラ

このシリーズは、ネルソン・マンデラの生涯《しょうがい》に着想を得て、現代の影響力《えいきょうりょく》をもつリーダーたちが真に重要と考えていることを記録し、共有するために編まれました。

このシリーズは、ネルソン・マンデラ財団のプロジェクトとして、その思想や価値観《かちかん》、業績によって人々《ひとびと》を助け、奮《ふる》いたたせている六人の傑出《けっしゅつ》した多彩《たさい》なリーダーたち――男女三人ずつ――との五年にわたる独自インタビューによって構成されています。

この書籍《しょせき》の販売《はんばい》から得られた原著《げんちょ》者への著作権《ちょさくけん》料は、国際連合の年次評価によって定義されるすべての開発途上国《とじょうこく》、または市場経済《けいざい》移行国における翻訳《ほんやく》、ならびに本シリーズの内容にもとづく映画《えいが》、書籍《しょせき》、教育プログラムを無償《むしょう》で閲覧《えつらん》する権利《けんり》を支援《しえん》するために用いられます。

iknowthistobetrue.org

企画・制作

「良い頭と良い心は、つねに最強の組み合わせだ」

——ネルソン・マンデラ

グレタ・トゥーンベリと、このプロジェクトのために惜《お》しみなく時間を割《さ》いてくれた、我々《われわれ》の励《はげ》みとなるすべての寛大《かんだい》な指導者たちに、心より感謝します。

ネルソン・マンデラ財団
Sello Hatang, Verne Harris, Noreen Wahome, Razia Saleh and Sahm Venter

ブラックウェル&ルース
Geoff Blackwell, Ruth Hobday, Cameron Gibb, Nikki Addison, Olivia van Velthooven,
Elizabeth Blackwell, Kate Raven, Annie Cai and Tony Coombe

私《わたし》たちは、世界中の社会の利益のために、マンデラが遺《のこ》した稀有《けう》な精神を広める一助となることを願っています。

フォトグラファーより

本書の肖像《しょうぞう》写真は、未熟者《みじゅくもの》の私《わたし》を指導し、手助けしてくれた、ブラックウェル&ルースの才能豊かなデザインディレクター、キャメロン・ギブが率いるチームの力添《ちからぞ》えのたまものです。私《わたし》はずっと、プロジェクトのどれかの写真を自分ひとりで撮《と》りたいと思っていました。撮《と》れると、うぬぼれていたといってもいいでしょう。しかし多くの試行と、かなりの錯誤《さくご》を重ねるうちに、キャメロンの惜《お》しみない指導と気配りがなければ、本シリーズの肖像《しょうぞう》写真はとうてい撮《と》れなかったことを思い知りました。グレタ・トゥーンベリの撮影《さつえい》に際しては、マーク・デクスターの現場でのサポートにも感謝します。

——ジェフ・ブラックウェル

ネルソン・マンデラについて

ネルソン・マンデラは一九一八年七月十八日、南アフリカ共和国、トランスカイに生まれた。一九四〇年代前半にアフリカ民族会議（ＡＮＣ）に加わり、当時政権《せいけん》を握《にぎ》っていた国民党《こくみんとう》のアパルトヘイト（人種隔離政策《かくりせいさく》）への抵抗《ていこう》運動に長年携《たずさ》わる。一九六二年八月に逮捕《たいほ》され、その後の二十七年を超《こ》える獄中《ごくちゅう》生活のあいだ、反アパルトヘイト運動を推進《すいしん》するための強力な抵抗《ていこう》のシンボルとして着実に評価が高まっていった。一九九〇年に釈放《しゃくほう》されると、一九九三年にノーベル平和賞を共同受賞、一九九四年には南アフリカ初の民主的選挙によって選ばれた大統領となる。二〇一三年十二月五日、九十五歳《さい》で死去。

ネルソン・マンデラ財団について

ネルソン・マンデラ財団は、一九九九年、ネルソン・マンデラが大統領を退任したのちに、その後の活動拠点《きょてん》として設立された非営利団体です。二〇〇七年、マンデラはこの財団に、対話と記憶《きおく》の共有を通じて社会正義を促進《そくしん》する役割《やくわり》を賦与《ふよ》しました。

財団の使命は、公正な社会の実現に寄与《きよ》するために、ネルソン・マンデラの遺志《いし》を生かし、その生涯《しょうがい》と彼《かれ》が生きた時代についての情報を広く提供《ていきょう》し、重要な社会問題に関する対話の場を設けることにあります。

当財団は、その事業のあらゆる側面にリーダーシップ養成を組み入れる努力をしています。

nelsonmandela.org

注

*〈i〉2015年12月12日にパリで採択された協定。気候変動の脅威に対する世界的な取り組みを強化するために、今世紀の地球温暖化を2度未満に抑え、さらに1.5度未満に抑える努力の継続を主要な目的として公式に掲げた気候変動枠組条約（UNFCCC）に基づいている。

*〈ii〉気候のための市民デモは、トランプ政権の環境政策に抗議する目的で、2017年4月29日に、ワシントンDCのナショナル・モールをはじめ、全米および世界各地で開催されたデモ行進。

*〈iii〉IPCC（気候変動に関する政府間パネル）は、世界気象機関（W.M.O）と国連環境計画（UNEP）によって設立された、気候変動を科学的に評価する組織。

*〈iv〉毎年1月にスイスのダボスで開催される、世界経済フォーラムの年次総会。政界、産業界、学界等のトップが、世界的な問題について討議する。通称ダボス会議。

*〈v〉2019年9月23日、ニューヨークの国連本部で開催された、地球温暖化対策について議論する会議。

出典

*1　デイビッド・クラウチ「スウェーデン人の15歳の少女、気候変動危機と闘うために、学校ストライキへ」『ガーディアン』2018年9月1日
https://www.theguardian.com/science/2018/sep/01/swedish-15-year-old-cutting-class-to-fight-the-climate-crisis

*2　ベングト・リンドストローム（気象学者）、スウェーデン気象水文研究所(SMHI)、およびスウェーデン・テレビ(SVT)。2018年7月22日。
https://www.svt.se/nyheter/inrikes/smhi-varmaste-juli-pa-minst- 260-ar-1

*3　グレタ・トゥーンベリ“Vi vet – och vi kan göra något nu”『スヴェンカ・ダーグブラーデット』2018年5月31日
https://www.svd.se/vi-vet--och-vi-kan-gora-nagot-nu

*4　デイビット・クラウチ「スウェーデン人の15歳の少女、気候変動危機と闘うために、学校ストライキへ」『ガーディアン』2018年9月1日
https://www. theguardian.com/science/2018/sep/01/swedish-15-year-old-cutting-class-to-fight-the-climate-crisis

*5　グレタ・トゥーンベリ「学校ストライキは、これからも続けます」インスタグラム、2018年9月8日
https://www.instagram.com/p/Bnd3AG_hQEa/

*6　マイルズ・アレン、ムスタファ・バビカー、ヤン・チェン、ヘレン・ド・コニンク、サラ・コナーズ、レニー・ファン・ディーメン、オーファ・ポーリーン・デューブ他　「1.5度の地球温暖化に関する特別報告書」気候変動に関する政府間パネル(IPCC)による報告書(2018年)
https://www.ipcc.ch/sr15/

*7　「気候マーチの週の後、760万人が行動を求める」350org. 2019年9月28日
https://350.org/7-million-people-demand-action-after-week-of-climate-strikes/

*8　スチュアート・マガーク「グレタ・トゥーンベリ：最善を尽くすだけでは、もはや足りない」『GQ』2019年8月12日
https://www.gq-magazine. co.uk/men-of-the-year/article/greta-thunberg-interview

*9　気候変動に関する政府間パネル(IPCC)「1.5度の地球温暖化に関する特別報告書 第二章：持続可能な発展を踏まえた1.5度と整合的な排出削減経路　101頁」
https://www.ipcc.ch/sr15/chapter/spm/

*10　同報告書　108頁

*11　気候変動に関する政府間パネル（IPCC）「一・五度の地球温暖化に関する特別報告書 政策決定者向け要約　14頁」
https://www.ipcc.ch/site/assets/uploads/sites/2/2019/05/SR15_SPM_version_report_LR.pdf.

*12　同要約　106~7頁

*13　ベングト・リンドストローム（気象学者）、スウェーデン気象水文研究所（SMHI）、およびスウェーデン・テレビ（SVT）。2018年7月22日。
https://www.svt.se/nyheter/inrikes/smhi-varmaste-juli-pa-minst- 260-ar-1

*14　「気候マーチの週の後、760万人が行動を求める」350org. 2019年9月28日
https://350.org/7-million-people-demandaction-after-week-of-climate-strikes/

Pages 7, 23, 65: Address to the European Economic and Social Committee at
Civil Society for rEUnaissance, 21 February 2019, used with permission;
page 13: Greta Thunberg, "I will go on with the school strike", Instagram, 8 September 2018;
page 16: Stuart McGurk, 'Greta Thunberg: "To do your best is no longer good enough"',
GQ, copyright © The Condé Nast Publications Ltd, 12 August 2019,
https://www.gq-magazine.co.uk/men-ofthe-year/article/greta-thunberg-interview;
pages 17, 41, 49: "The disarming case to act right now on climate change", Greta Thunberg,
TED2018, to watch the full talk visit TED.com;
pages 19–21, 24–28: address to the United States Congress, September 2019,
originally published in The Independent;
pages 57, 59–61, 64: a speech at the World Economic Forum Annual Meeting,
Davos-Klosters, witzerland, January 2019;
pages 70, 72: Nelson Mandela by Himself: The Authorised Book of Quotations edited by
Sello Hatang and Sahm Venter (Johannesburg, South Africa : Pan Macmillan, 2017),
copyright © 2011 Nelson R. Mandela and the Nelson Mandela Foundation,
used by permission of the Nelson Mandela Foundation, Johannesburg, South Africa.

I Know This to Be True: Greta Thunberg
Edited by Geoff Blackwell and Ruth Hobday

Acknowledgements for permission to reprint previously published
and unpublished material can be found on page 86.

Japanese translation rights arranged with CHRONICLE BOOKS
through Japan UNI Agency, Inc., Tokyo

Produced and originated by Blackwell and Ruth Limited
Suite 405, Ironbank,150 Karangahape Road Auckland 1010, New Zealand
www.blackwellandruth.com

NELSON MANDELA
FOUNDATION
Living the legacy

ジェフ・ブラックウェル&ルース・ホブデイ

ジェフ・ブラックウェルは、ニュージーランドを拠点に、書籍やオーディオブックの企画・制作、展示企画、肖像写真・映像を手掛けている、ブラックウェル&ルース社のCEO。編集長のルース・ホブデイと組んで、40ヵ国の出版社から本を出版している。

橋本恵

はしもとめぐみ

翻訳家。東京生まれ。東京大学教養学部卒業。訳書に「ダレン・シャン」シリーズ、「デモナータ」シリーズ(以上、小学館)、「アルケミスト」シリーズ(理論社)、「カーシア国3部作」(ほるぷ出版)、『ぼくにだけ見えるジェシカ』(徳間書店)、『その魔球に、まだ名はない』(あすなろ書房)などがある。

信念は社会を変えた! 6人のインタビュー①

グレタ・トゥーンベリ

2020年6月30日　初版発行

編者　ジェフ・ブラックウェル&ルース・ホブデイ
訳者　橋本恵
発行者　山浦真一
発行所　あすなろ書房
〒162-0041 東京都新宿区早稲田鶴巻町551-4
電話 03-3203-3350(代表)
印刷所　佐久印刷所
製本所　ナショナル製本

ISBN978-4-7515-3001-6 Printed in Japan

日本語版デザイン／城所潤＋大谷浩介(ジュン・キドコロ・デザイン)